U0376716

鸽子带你游建筑

[英]斑尾鸽斯佩克 著

梁蕾 译

中国建筑工业出版社

看到一本鸽子写的书很奇怪吧？的确，谁看到都会觉得奇怪的。现在，孩子们从小就以为我们鸽子脏脏的，还传播禽流感之类的病毒。你们可能一点都不知道，人类和鸽子这两个物种之间的友谊有着非常悠久的历史；可能也不知道，几百年来，人类是如何靠鸽子来传播重要信息的。所以，作为回报，人类对鸽子非常尊敬，为我们建造精美的房屋，还给我们提供美味的茶点。

可是，现在有了电话和互联网，我们对你们来说没有用了。如今人类让疾病防控人员来捕杀我们，在我们想要歇脚的窗台上装上尖刺，小孩子们尖叫着来吓唬我们也没人管。

这些变化让我们很伤心。所以，在新一届鸽子长老大会上，我们决定，是时候告诉你们人类和鸽子这两个物种之间关系的真相了！我们要告诉人类，鸽子是一种温柔、聪明的动物。

是时候告诉你们，我们鸽子对建筑有着多么深远的感情。没错！我们热爱你们美丽的建筑！不然我们怎么会冒着被驱逐的危险，一群群地落在建筑上面呢？

所以，我的小伙伴们选出我斯佩克来揭示这个秘密，来到了著名的费顿出版社。很幸运，我们这一冒险之举成功了。费顿出版社同意出版这本精美的图书，我开始了环球之旅去参观一些世界上最著名的建筑物和构筑物，这是我旅途中所做的记录，加上我所知道的一些建筑小知识。我非常非常希望，在我的旅程结束时，你们不仅从我这儿了解到一些建筑的知识，而且对我们鸽子也有更多的了解——很多很多了解！保证跟你们想象的不一样。所以，好好读一下这本书吧，我的朋友，好好读一读……

这里就是我要带你们去参观的美丽的建筑——我给每一个都起了鸽子世界的名字，你们人类给它们起的名字写在下面。现在，来吧！出发！

更多关于每座建筑和
建筑师的知识请看
60 ~ 63 页

杂乱的奇迹

坎特伯雷大教堂

教堂最后的部分建于 1177 年，有尖尖的拱和大大的窗户。

教堂最古老的部分有圆圆的拱和小小的窗户。

我的旅程开始了，第一站，我来到了英格兰的东南海岸。要离开亲爱的艾西和我的朋友，我有一点伤感，但是又感到一阵阵的兴奋，我将要进行的是多么令人激动的旅行，从坎特伯雷大教堂开始，我还会看到更多伟大的建筑！

你知道吗，一座大教堂的全部意义，就是让参观者对壮丽的天堂产生敬畏和惊叹，还有对地狱的恐惧。大教堂一般都是中世纪的伟大产物，就像你在 3D 电影中看到的最惊心动魄的场景，只不过是用石头和彩色玻璃做成的。

这座巨大的教堂有着高大的尖塔，是用熟铁做成的，从很远的地方就能看见它。我拍着翅膀飞过城市，乘着带着海洋气味的微风，来到这里，阳光穿过巨大的彩色玻璃窗，我感到了期待中的阵阵激动。

坎特伯雷大教堂最早从 597 年就开始修建了，建了几百年，被重建和加建了很多次，采用了很多不同的风格。教堂的大主教是英格兰教会的领袖，在那几百年里，这个职位拥有像国王一样的权力。所以，几百年来，每个新主教都在大教堂的建筑上加一些东西，来标记他的势力范围，其实你想想，

和小狗在电线杆上撒尿的意思差不多，只不过优雅了很多。

坎特伯雷大教堂一直有成百上千的游客来参观，不过我还是打算从前面古老的木头门光明正大地飞进去，然后躲在一个座位上。哇！好可怕啊！其实我在转来转去的时候，就看到了很多奇特的景象。有那么多奇妙的东西，我都不知道该看哪儿

了……在地窖里，我和一个可怕的妖怪面对面撞个正着。幸运的是，原来它只是一个栩栩如生的石头雕像，中世纪的石头工匠们像在它身上施了魔法，用它在信徒的内心深处造成了对地狱的深深的恐惧。然后我看见了一个巨大的青铜架子（可能是一个书亭），形状就像一个天使弯起腿来准备展翅高飞的样子，让我看得神魂颠倒。这座大教堂里充满

了奇妙的景象，我都不敢再看了。从大门摇摇晃晃地走出来，我觉得承受不了，需要坐下来休息一下，于是我落在一位司布真太太的墓碑上待了很长时间。坎特伯雷大教堂太壮观了，简直要把我变成一个信徒了——现在有多少建筑能带给你如此大的影响呢？

铁树

埃菲尔铁塔

铁塔的第二层是最受游客们喜爱的观光地点。

铁塔一共由18038块铁构件组成，每一块铁都用巨大的螺丝牢牢固定在一起，这些螺丝叫作铆钉。

太阳下山之后，每隔一小时，铁塔会亮起彩灯五分钟。它的顶部还有一个巨大的灯塔，像一个巨型的信号灯一样照耀着巴黎的四面八方。

把你带上塔的电梯是最难设计的一部分，因为它们沿着柱子上升的时候是略微倾斜的。

刮风的时候，铁塔也会摇摇晃晃的，最大可以晃动15厘米。

现在对我来说，埃菲尔铁塔就是"巴黎"和"法国"的代名词，就像一个装满汉堡包的箱子标签上就写着"午餐"一样。单单这么一个构筑物就能代表这么多东西——像美国的自由女神像，或是伦敦的大本钟，埃菲尔铁塔已经成为一个城市甚至一个国家的标志。

我蜷缩在一家旅馆的屋檐下度过了一个舒适的夜晚，俯瞰着塞纳河，也看到了埃菲尔铁塔那让人注目的景象。它全身灯火通明，非常引人注目，高高地耸立在巴黎的天际线上。第二天早晨，我在一个很喜欢的小咖啡馆后面吃完了早餐，然后努力着清爽的蓝天向着埃菲尔铁塔飞去。铁塔一格一格的，看上去精致极了，就像蛋糕店里的华夫饼。但是，当我飞近它，高高地落在它上面，看着脚下的城市，我看到铁塔就像鹰爪一样坚固。钢铁的梁架——个个交叉着，每个交叉都使铁塔更加结实，来抵抗重力产生的向下的拉力，还有风产生的从侧面推的力。风真大呀！高高的塔上的大风简直把我的羽毛都吹跑了！

别惊讶，因为风真的太大了。埃菲尔铁塔的40多年里，一直是世界上最高的人造构筑。你知道吗，它最初开始是为1889年的世界博览会建造的一个大门。想象一下从它下面走过的景象吧！

铁塔的设计师是建筑师古斯塔夫·埃菲尔，因为这大胆的构想，人们都称他为"钢铁魔术师"。他没有设计一个铁骨架来支撑建筑的表皮，而是让整个建筑就是一个铁骨架！所有的东西都暴露在你的面前，一点都没有隐藏和装饰。我觉得，这种诚实就是一种美丽。

但是，埃菲尔铁塔这一丝不苟的形象在当时可是太不寻常了，很多巴黎人都认为它是一个怪物，破坏了他们美丽的城市。本来，这座塔只计划在世界博览会之后展示20年就拆掉，但是不久第一次世界大战就爆发了，政府发现这座塔可以当作无线电通信塔来用，所以就被保留下来。当然，现在它已经是巴黎的一部分了，你无法想象没有这座城市没有它会是什么样。

翻肠倒肚的艺术馆

乔治·蓬皮杜中心

蓬皮杜中心不仅是一个大型现代艺术博物馆，还是一个公共图书馆、音乐厅和表演场所，还有儿童玩耍的区域和餐厅。

支撑着整个建筑的钢骨架就像脚手架一样展现在外面。

啊，华丽的巴黎，爱的城市。我和艾西开始恋爱的时候就来过这儿。那时候，我们在排水沟里的一个羊角面包上拍着翅膀跳舞；在美丽的镀铁阳台上拥抱……多么美好的时光啊。当我在这个下午悠闲地飞过巴黎上空的时候，一切美好的回忆涌进了我的脑海。我现在要去的地方叫作蓬皮杜中心，当地人把它叫作"博堡"（意思是美丽之城），它的

名字来自于它所在的社区的名字。

蓬皮杜中心建于1973年，它的外表非常独特。有点像来自于科幻电影里的东西，"啪"的一声落到了巴黎城市中心那些古老的灰色石头房子中间。其实我听说，设计它的建筑师（理查德·罗杰斯和伦佐·皮亚诺）希望改变人们对传统的建筑里面和外面的认识，为未来创造一个高科技的建筑。

法国总统要求他们设计的建筑能有尽可能多的公共空间，所以，他们就想出了把建筑里外翻转过来的主意，把一般本来在里面的所有东西……都放到外面来。楼梯和走廊，水泵和暖气管，所有应该藏起来的东西，在这座建筑里让所有人都看得见。

建筑师真聪明，里外翻转的设计真的产生了非

常多的空间，蓬皮杜中心前面形成了一个可爱的开放广场。

　　我在广场上踱着步，看到这座建筑真是翻肠倒肚，把什么都给人看见了。艾西不太喜欢它，她说它是丑陋难看的东西，破坏了她美丽的巴黎。这样想的可不只她一个，最开始很多巴黎人和她一样。我个人倒是很喜欢它形成的对比——新和旧的对比。

我也喜欢它的诚实：我再说一遍，它和埃菲尔铁塔一样，没有隐藏任何东西。

　　在广场上转了一圈之后，我找了个机会飞到了自动扶梯的扶手上，在建筑外面慢慢上升。哇哦！当我越来越高，我能看见远处的埃菲尔铁塔和圣心大教堂，和我一起乘电梯的人当中有一些是游客，不过更多的是巴黎人——蓬皮杜就是为巴黎市民而

建的。这座建筑给当地人创造了一个巨大的空间来欣赏美妙的艺术，不管你认为它长得好不好看（顺便问问你，你觉得它好看吗？），它可真是一个美好的东西。

蟹壳

朗香教堂

因为墙壁非常厚，所以窗户的窗台非常深，做成倾斜的，这样可以让尽可能多的自然光线照进去。因为窗户的玻璃是彩色的，所以照进去的光线也是彩色的。

在屋顶和墙壁之间有一条缝隙，可以让更多的自然光线照进教堂。

今天下午，天上涌起了重重的灰色乌云，我来到了法国东部的朗香教堂，这是一座 1954 年建造的小教堂。我几乎不能相信我亮晶晶的眼睛！它不像我以前见过的教堂。那个屋顶像什么呢！简直像升入天堂的一抹喜悦！就像我翅膀的曲线，盘旋在蓝天上。我赶紧俯冲下来仔细地看看它，我看到这

个屋顶虽然是用很重的混凝土做的，却似乎像有魔法一样在墙上漂浮着，简直像是翻滚着。墙壁和屋顶之间有一条宽宽的缝隙，刚好让一只大胆的鸽子飞进去，我飞进去之后开始四处瞧，我看见原来屋顶是用藏在墙后面的柱子支撑着的，真聪明。

白色的墙壁非常厚，柔和地弯曲着，就像从地

里长出来的；有些地方有 1.2 米厚，有些地方有 3 米厚，没有一个地方是直的。建筑师勒·柯布西耶想让他设计的这座教堂就像周围乡村那平缓曲折的地平线。

这座平静的小教堂坐落在一个小山的最高点上，周围的森林顺着山坡缓缓而下。站在这里，就

好像直接面对着上帝一样。它跟一些宏伟壮丽的教堂太不一样了，这是一个平静、温和的地方，与乡村的背景十分适合。

教堂的正门是一块巨大的混凝土板，用色块装饰着，板的中心有一个轴，转开就是两个出入口。我从一边进去，一些人从另一边出来，里面就我一个人了！我高高地飞起来，然后想办法落在南面墙上一个很深的窗台上，那时，阳光穿过外面的云层，从窗户那彩色的玻璃照进来，将对面的白墙涂上一层宝石般明亮的颜色。

朗香教堂简直像是一座雕塑：它本身就是一个艺术品。它与自然的环境和历史融为一体，是一个非常适合祈祷和深思的地方。它一点都不像勒·柯布西耶设计的其他建筑，那些建筑可跟这个很不一样，通常都是一些方形的混凝土盒子。但是我还是喜欢朗香教堂这样的建筑。多么意想不到的乐趣啊！

梦想森林
圣家族大教堂

圣家族大教堂从2010年才开始当作教堂使用。使用的时间很短。别忘了它可是从1882年就开始建了！

不管你从哪个角度看，它都像是石头雕刻而成的雕塑。太精美了。那些雕塑就像起伏的波浪。似乎要和天花板上、墙上那些形状奇异、或者那些像花朵盛开一样滴落下来的雕塑似乎要像泡沫一样融融，然后又固体化出来，恢复原来固体的样子。突然冲出来，恢复原来固体的样子。

　　我听说过西班牙有个圣家族教堂就像梦想森林一样令人非常惊奇，但我没想到它这么迷人。它有着树枝一样的柱子，还有像融化的奶酪一样的拱，扭曲着，越往上越细，这么异想天开，像是从梦境里来的。

　　这座建筑让人感到一种巨大的乐趣，简直像中了魔法一样，可这又是一座教堂呀：教堂可是神圣严肃的建筑。它的建筑师是天才的安东尼·高迪，设计它的时候高迪当然怀着认真严肃的态度，保证它最高的塔尖比劳动最高的山峰要低上一米，这样它就没有超过上帝的作品。

　　圣家族大教堂比我栖息过的大多数建筑都要复杂，因为它到现在都没有完全建成。这里还有起重机和安全网呢，到处都是脚手架撑着的建筑工人在工作。但是，当夜晚降临，起重机也安静了，这座建筑可就都是我的了。我昂首阔步在脚手架上，在巴塞罗那的高空，沐浴在夕阳温暖的余晖中，在优美的石头涡卷里呼吸着清新的空气。

　　你可能够纳闷，在过去的120年里，建造者们究竟都干了些什么呢？是这样的，高迪的设计比原本就非常奇特，这使建造的过程本来就很缓慢，然后，在1926年，高迪突然去世了，这就更加减慢了进度。特别是因为他希望建筑按照他的设想来建造，可是又没有人清楚地知道他到底是怎么想的。然后，修建建筑所需要的资金要依靠人们的捐赠，可是人们捐钱不大涌跃了，有些人是因为不确定高迪想设计成什么样，还有些人是因为不相信建造的人能正确地实现高迪的设计。

　　高迪在设计这座建筑的过程中一直在修改，但他确实有一个设想，现在的建筑师们正在尽自己的最大能力来实现他的设想。感谢上帝，很多人觉得圣家族教堂非常有意义，努力想要把它实现。我都等不及想看到这座奇妙的建筑完成后的样子了。

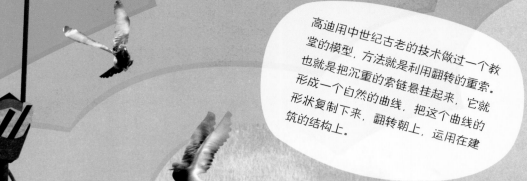

复活立面展示了耶稣死去时的情景。圣家族大教堂还有两个主要的立面，一个展示了耶稣出生时的情景，还有一个展示了人们追随上帝的旅程。

高迪用中世纪古老的技术做过一个教堂的模型，方法就是利用翻转的重索。也就是把沉重的索链悬挂起来，它就形成一个自然的曲线，把这个曲线的形状复制下来，翻转朝上，运用在建筑的结构上。

教堂将有18座塔楼，其中最高的一座建成的话，它将成为世界上最高的教堂，但到现在只建成了8座塔楼。

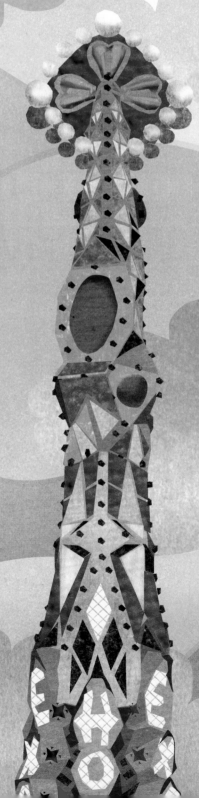

在教堂的内部，支柱像树枝一样生长到屋顶上，与天花板上的装饰融合在一起，就好像它们不知用什么方式长在上面了。

水城

威尼斯

里阿尔托桥非常具有魅力，它的两侧都是一排店铺。

著名的黄金宫，建于1430年，它的主人是当时威尼斯最富有的家庭之一。这座建筑用黄金和其他贵重的金属装饰得极为华丽，现在只有一部分保存了下来。

圣马可教堂和钟楼装饰得也极为华丽，紧临着总督府。它曾经是总督的私人教堂，直到1907年才对公众开放。

从西班牙到意大利，我高高飞翔，来到了威尼斯，它就像一个五光十色的地毯，用几英里长的水道织成，像数百条银线在下午的阳光中闪闪发光。威尼斯，这个意大利北部的城邦，是我们鸽子的天堂。大多数的鸽子在一生中的某个时候，都来到这儿朝圣过，这也许能够解释，为什么在威尼斯的圣马可广场，在这座城市中心壮观的开放空间里，鸽子比人还要多。

原因非常简单，这座城市充满了全世界最优美的中世纪建筑：地球上没有一个地方像这儿一样。这座城市坐落在一片潟湖湖中（潟湖就是靠近海洋的巨大的咸水湖），建在118个小岛上，这些小岛之间用桥连接起来，我最近一次数是380座。在这些小岛之间蜿蜒着像迷宫一样的河道，河面上行驶着许多刚朵拉。刚朵拉是一种小船，它在威尼斯的作用就像世界上其他城市中行驶在道路上的汽车一样。我得说，我在这儿比在满是汽车的城市愉快多了，用不着拍开汽车废气形成的烟雾。不过，当我在天空中盘旋的时候，吸到了一口专属于威尼斯的恶臭：一种混合了海边腥味的空气和池塘里死水的气味，在暖和的天气里，这种气味就更大了。我向

叹息桥是一座隧道桥，上面雕刻着一张张悲伤的脸，据说它的名字来自于囚犯们从总督府的法庭到监狱的路上通过这座桥时的痛哭。

这座壮观的14世纪总督府是当时威尼斯共和国领导人的住所，也是城市的法庭。

下飞向圣马可广场，感觉就像回家了一样。我四处看着，鸽子们成群结队地在啄食和散步，拍拍翅膀，咕咕呢喃。有一次三个男孩冲着我们一群鸽子追过来，我们其中的一只使劲冲着他们拍翅膀，我们全飞起来，绕着广场转圈，然后朝着他们的头顶俯冲吓唬他们，最后停在圣马可教堂的钟楼上，太好玩了！

什么也破坏不了我重回威尼斯的快乐，后来我又飞了一大圈，让我的眼睛好好再看一看下面迷人的乱糟糟的城市：优雅华丽的建筑，涂着浓重的丰富的色彩；通道和庭院；小桥和广场；教堂、钟楼和雕像，还有水，那无处不在的水……真的，威尼斯就像一个童话传说，从海底深处升出来，也许有一天就会沉回海里去了。我这可不是信口

开河，水和石头并不是最好的朋友，在水里浸泡了几百年，很多建筑都开始损坏了。快抓紧时间早点去那里看看吧！

漂浮的幻想

圣乔治马乔雷教堂

实际上，钟楼并没有和教堂连在一起，但是从海上看过来，它绝对是圣乔治马乔雷教堂那著名的轮廓线的一部分。

圣乔治马乔雷教堂是威尼斯一座非常著名的教堂，坐落在一个小岛的边缘上，与圣马可广场隔水相望。我决定今天早上去参观这座教堂，正要出发，忽然听到有人在叫"哟！哟！"我回头一看，是我的姑姑！世界可真小呀……姑姑决定和我一起去参观，我们眯着眼睛飞过了波光闪耀的水面来到了教堂。

教堂有着动人的白色大理石前立面，在早晨的阳光中明亮耀眼，似乎从下面黑暗的河道中漂浮起来。这座教堂于1610年建成，由著名的意大利建筑师帕拉第奥设计，他用当时时髦的方法重新创造了古典希腊神庙的外表。但是，他把古希腊的立面结合到传统的天主教堂时也费了不少脑筋。希腊神庙基本上是巨大的长方形的空间，而教堂一般是十字形的平面，长的部分叫作中殿，短的交叉的部分叫作耳堂。为了让古典的长方形前立面适合这种十字形平面，帕拉第奥不得不创造出两个前立面：一个又高又细的，一个又矮又宽的。

也不知道用了什么办法，他让这种混合的双重立面看起来非常壮观！尽管从空中我们看出，那白色的大理石并没有覆盖到建筑的其他立面，那些地

建筑师帕拉第奥说，"所有的颜色当中，没有比白色更适合教堂的了：因为白色的纯净，就像生命一样，是上帝最爱的颜色。"

在海面平静的日子里，教堂的下面反射着海面的微光，就像从另一个城市来的幽灵教堂从水下生出来。

方是用普通的红砖建造的。姑姑觉得它看起来有点"虎头蛇尾"，但我觉得，帕拉第奥是故意这么设计的，这让教堂的前立面看起来显得更加壮丽。

我们没能进入到教堂里面，就从一个高一点的窗台上好好观赏了一番。这儿有一种到处都很明亮的奇妙感觉：墙壁涂成柔和的白色和灰色，不断变化的水面反光就像在墙上跳着舞，可爱极了。

这儿的气氛肃穆而平静，真是个朴实无华的教堂！从一些别的教堂来到这儿，人变得很舒心，那些教堂充满了太多美丽的东西，我几乎有一点被淹没的感觉（就像坎特伯雷大教堂，或是任何一个别的教堂？）

但是这份平静没有维持很久，我们正往窗户里面看着，一声震耳欲聋的巨响差点儿把我们震到地

下去，这是大钟在整点敲响了。吓得姑姑跳了起来，她生气地叫了几声，我们只好飞走了，从水面飞回去的时候耳朵还嗡嗡地响呢。

格斗圈
罗马斗兽场

今天特别热，我不得不说，在我飞过深蓝色的天空到达罗马的时候，我都开始觉得有点烤得慌。但是这也没能破坏我第一眼看到斗兽场的时候那激动的感觉，这可是2000多年前罗马人为角斗游戏所建的体育场啊。

它的样子让我联想到一个奇怪的结婚蛋糕，被一个饥饿的孩子咬了一大口。因为年代太古老了，有些斗兽场早已经毁坏了，但是这一个真令人惊奇，这么坚固，经过了这么长时间还幸存着。建造它的时候，罗马人刚创造出了一种新奇而强大的混凝土制造方法，结合着一些新的建筑技术，他们造出了比以前更高，简直高耸入云的建筑。

角斗场曾经担当过所有的用途。它最开始是一个圆形露天剧场。后来建造它的人死去了，角斗场却还在被人们使用，只不过用作各种不同的用途。千百年来，人们用它当过住宅；在里面开过作坊；用它当过堡垒；有一次甚至把它用作天主教堂和死人的坟墓。

　　我停在高高的竞技场后排的座位上，环顾四周那广阔的空间。真是令人震撼啊。我不知道对斗兽场是一种什么感情，真不确定。一方面，我喜爱它的巨大和美丽，这要靠多么优秀的团队合作和技术才能实现啊。而且喜爱它能幸存这么久，虽然千百年来经历了各种不同的用途和破坏。可是另一方面，我不敢想最初人们修建它是用来干什么的，在这里又发生了什么事情！咕咕！在五百年的时间里，人类在这里欢呼鼓掌，看着同类互相残杀，还残杀狮子、老虎和大象，太残忍了。

　　这个用来厮杀的大圆圈这么巨大，说明当时那些游戏是多么流行！它有 5000 个座位，像现代体育场一样多。我努力想象这个巨大的空间新建成时完整的景象。人群中发出一阵阵雷鸣般的充满杀戮欲望的激动吼声，在高高的圆形围墙之间回荡。虽然现在的太阳很温暖，我却打起寒战来，你们人类真是奇怪的生物啊！如此优美的环境中却发生着如此残忍的事情。

角斗场的 5000 个座位全部都标着号码。观众们会拿着一个破陶片，上面有号码，这样他们就能对号入座，跟现在的剧场一样。

角斗士和动物被关在地下室里，那里有曲折狭窄的地道、小房间和结构复杂的门。国王和其他重要的观众有单独的通道出入斗兽场——简直就是古老的 VIP 通道。

有时候角斗场里会灌满水，用来展示经过特殊训练的会游泳的动物，比如牛和马，或者用船来重现某种海上战争！哇！

桥梁建造

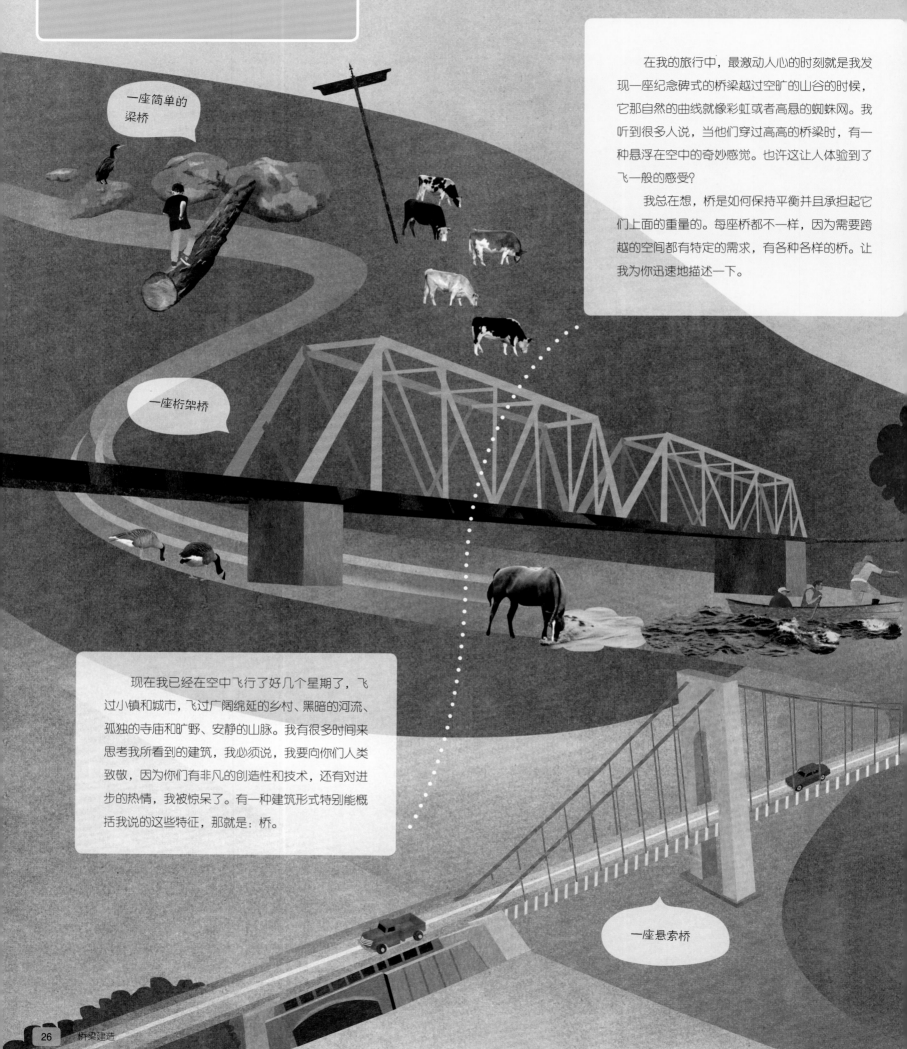

一座简单的梁桥

一座桁架桥

一座悬索桥

在我的旅行中，最激动人心的时刻就是我发现一座纪念碑式的桥梁越过空旷的山谷的时候，它那自然的曲线就像彩虹或者高悬的蜘蛛网。我听到很多人说，当他们穿过高高的桥梁时，有一种悬浮在空中的奇妙感觉。也许这让人体验到了飞一般的感受？

我总在想，桥是如何保持平衡并且承担起它们上面的重量的。每座桥都不一样，因为需要跨越的空间都有特定的需求，有各种各样的桥。让我为你迅速地描述一下。

现在我已经在空中飞行了好几个星期了，飞过小镇和城市，飞过广阔绵延的乡村、黑暗的河流、孤独的寺庙和旷野、安静的山脉。我有很多时间来思考我所看到的建筑，我必须说，我要向你们人类致敬，因为你们有非凡的创造性和技术，还有对进步的热情，我被惊呆了。有一种建筑形式特别能概括我说的这些特征，那就是：桥。

梁桥

这是一种最简单的桥：所有通过它的重量都由一个水平的桥面承担（在上面行走或开车），在两端支撑。如果桥需要跨越很宽的距离，桥面就需要更多的支撑，否则它在很重的压力下，会开始在中间弯曲。这种情况下，它可以改造成：

桁架桥

为了让梁桥更加结实，最简单的就是把梁加厚让它更坚固，但是这样会加大桥的重量，既昂贵又难以建造。于是，最好的、最有效的支撑叫作"桁架"。很简单，桁架就是一个三角形（通常是很多个三角形），当三角形一个个连在一起，"桁架"的作用就像坚固的梁，但用的材料更少，所以更轻，可以建造更长的桥。

悬索桥

这种桥用很长的索固定在竖立的塔的顶端，从上面支撑着桥面。索向侧面拉下去，在桥与地相接的地方，用叫作锚地的重块固定。一些短的、竖向的索将桥面用这条悬着的长索悬挂起来。

拱桥

拱桥就像一种倒过来的悬索桥。桥面在拱上，用自己的重力支撑它固定在所在的位置上。但是重力是向下推也向外推的，所以拱需要用很大的力量在两端防止它向外延伸。这有点像锚地在悬索桥中的作用，只不过它们是向着桥产生推力，而不是向外的拉力。

这些就是桥的基本形式，但这些结构可以混合在一起运用，就会产生无穷无尽的方式。现在，翻到下一页去看一看那些我非常喜欢的桥吧。

一座拱桥

金门大桥，美国

　　金门大桥那大红的颜色非常与众不同，是一座典型的悬索桥，建于 1937 年，连接起旧金山市和马林县。它跨越宽阔的水面，大约有 400 个奥运会标准泳池头尾相连那么长。这座桥需要平衡的各种力是非常强大的；这片水面靠近大海，所以常有激烈的、旋转的潮汐和洋流；还有强烈的风；每天有 100000 辆汽车开过大桥，还时不时会有地震！这座桥高高耸立，它的塔常常消失于云端，而且，站在桥上的人行道上能看见海湾那边著名的监狱岛——恶魔岛。

米洛高架桥，法国

　　米洛高架桥 2004 年完工时，是世界上最高的高架桥，这座桥的修建一定程度上是为了解决假期时人们从法国开车到西班牙的交通问题。但是，它的景象是那么壮观，以至于人们经常在开车经过它时减速拍照，只好降低限速！虽然米洛高架桥看起来有点像悬索桥，但它实际上是一座"斜拉桥"，桥面采用了两种支撑方式，既从下面用巨大的桥墩支撑，又从上面用拉索支撑。像我这样的小鸟停在这个巨大结构的顶端，风实在是太大了！我更想从安全的山上欣赏这座壮丽的大桥，再啃上一小块野餐时带回来的法国长面包。

伦敦塔桥，英国

塔桥建成于1894年，耸立在繁忙的泰晤士河上，曾经是来自全世界的船只通往伦敦码头的贸易通道。它是一座悬索桥，但因为所有大小的船只需要从它下面通过，所以它需要被设计成现在的样子，设计它的建筑师在桥的中央部分创造了一个"开合桥扇"，这个神奇的部分其实是一座吊桥，可以抬起使大船从下面通过。

塔桥是全世界我最喜欢的桥！因为很多年前，亲爱的艾西和我就是在这座桥的人行道上订婚的。

布鲁克林大桥，美国

布鲁克林大桥建成于1883年，是第一座钢索悬索桥，而且是同类型中最长的。它的建筑师约翰·罗布林在视察基地的时候受了伤，不久之后不幸身亡，但他生前已经确保他的设计可以承受的负荷是需要的6倍，这意味着大桥可以持续很久，并能适用于各种不同种类的交通。这座桥的坚固性是因为它既有像金门大桥那样的垂直索，又有像米洛高架桥那样的斜拉索，而且它们交织在一起形成美丽的图案，就像钻石的网格。我的拙见是，要欣赏纽约那绝妙辉煌的天际线，这里是最好的地点了。

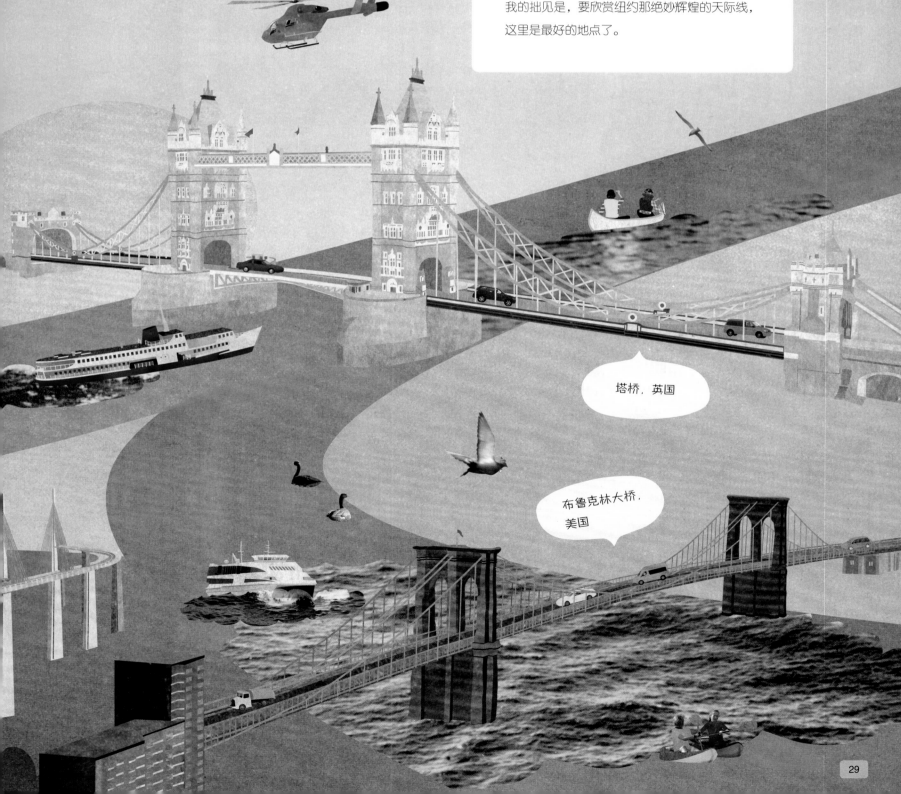

神秘的数学奇迹

吉萨大金字塔

大金字塔高 146.5 米，比 10 个大巴士车一个个摞起来还高。

金字塔拥有完美的几何边角，大金字塔的底面精确地对应着罗盘的四个点。没有计算器和电脑的帮助，古代埃及人是如何做到这么精确的测量的呢？至今这仍然是个谜。

金字塔一直都让我非常着迷，它们总是伴随着神秘的故事。大约 5000 年前，埃及人开始建造金字塔，作为他们的法老（也是就国王）的坟墓，现在有 130 座金字塔保存了下来。其中，吉萨金字塔是最大最壮观的：它是为法老胡夫的母亲而建造的，是世界古代七大奇迹中最后一个仍然存在于世界上的。

从埃及的首都开罗出来就进入了炎热的沙漠，我不得不休息了好几次，飞得慢极了。有一次，我落在一头骆驼的背上搭了个顺风车，但是，当我透过热腾腾的空气看到了大金字塔，又一下子飞了起来，我的心激动得扑通扑通直跳。然后，我做到了：我落在了吉萨大金字塔上。简直不敢相信！我的爪

子真实地摸到了几千年前建造者们精心堆砌起来的石头上了。

最开始，金字塔上还覆盖着光滑的白色石头作外衣，那一定看起来非常华丽，在非洲的阳光下闪闪发亮。这些外皮的石头在 14 世纪的一场大地震中松动了，于是被运走用在别的建筑上了！这也太

大金字塔旁边站着斯芬克斯像——一个巨大的引人注目的狮身人面像，它的脸是一个法老的形象。

大金字塔周围环绕着几个小·金字塔，那是法老胡夫的妻子和孩子们的坟墓。

不尊重我们的金字塔了，是吧？这还不算最不像话的，金字塔像大多数的坟墓一样，尸体放进去之后就封了起来，尸体周围放满了金银财宝，随着他去另一个世界。可是千百年来，盗墓贼闯进去把所有的东西都偷走了。这些可耻的家伙。

金字塔有着许多的秘密，其中一个就是它们是如何建造起来的。例如，建造大金字塔的巨大石块最重的有200吨，是从800多公里以外的地方运来的。金字塔上有230万块这样的石块呢。我不知道你们是怎么想的，但我想，在没有机械的时候，建造者们付出了多么艰辛的劳动啊。他们是怎么做到的呢？大多数专家认为，石头可能是用船沿着尼罗河运来的，然后用一组滑轮和绳子拉到金字塔上面去。

现在的人类以为自己很先进，但是你们想想古代埃及人有多么厉害！他们还发现了，其实鸽子也是建筑专家。你们好好想想吧，还有多少东西是你们没发现的呢？

幽灵的宫殿

泰姬陵

四座召唤穆斯林前来祷告的光塔建造得稍微向着中央穹顶的反方向倾斜。据一些专家说，当初就是这么设计的，因为这样如果它们倒塌的话也不会砸到中央的穹顶。

平台的尺寸是8个标准奥运会游泳池的大小。

　　我们鸽子最明白什么是爱了。当鸽子找到伴侣，我们终生都会在一起。所以，我非常理解沙贾汗国王在他的妻子泰姬英年早逝的时候，那感受是怎样的。他深深地爱着她，为了表现他的悲痛，他为她建造了一座这么华丽的纪念物，可以说全世界几百年来才出一个。我有一次在橡树的树干上为艾西啄了

一个心形，哦，我得承认，这比起泰姬陵可差太多了。

　　我在今天早晨飞到了印度的阿格拉，慢悠悠地飞过宽阔的亚穆纳河，看到了我不太熟悉的景象，闻到了我不太熟悉的气味。水面上笼罩着一层薄雾，但温暖的阳光已经照在了我的背上。忽然，我看到一座建筑矗立在我的面前，在黎明的微光中闪闪发

亮，几乎是漂浮在它自己完美的倒影上。这就是泰姬陵，哇哦！

　　我俯冲下来，又低又快地从通向陵墓的长方形水池上掠过；再一次看到泰姬陵那美丽的倒影映在我下面平静的水面上。我又飞起来，停在它那高大的穹顶上（真是超级大呀，像8个双层巴士车一个

据传说当泰姬陵建成的时候，国王沙贾汗砍掉了所有参加建造的工人的双手，这样他们就再也无法创造出这么美丽的东西了。

个摞起来那么高）。我仔细打量起四周来。

　　我简直不能呼吸了。泰姬陵就像是童话故事里才有的东西——幻想中的建筑。从哪个角度看都美得不得了。穆斯林的圣经古兰经上的阿拉伯文字镶嵌在黑色和白色的大理石墙上，好像在跳着舞；其他的墙上装饰着精致的花朵，或者雕刻着屏风一样

错综复杂的图案，这些图案过滤着强烈明亮的阳光。细长的光塔上优美的拱券将你的视线引向天堂，天堂里躺着美丽的泰姬和沙贾汗，他在1666年死去，就把自己埋葬在她的旁边。

　　我在这儿待了整整一天，泰姬陵的美太令我惊奇了，这里是那么安静（除了一个小小的意外，我

在这儿真不想提那个没礼貌的导游）。我还没有看够呢，黄昏就悄悄降临了。我只好向着附近的阿格拉城飞去，脑海里想着关于这座建筑的一切，它是如何表达着沙贾汗国王的爱：对他妻子的爱，对他的信仰的爱，对美的爱。我想沙贾汗可能是这个世界上最接近天堂的人了吧，唉。

巨大的穹顶又叫作洋葱顶或者番石榴顶，因为它们的形状很像。

莫卧儿的国王是一个伟大的鸽子爱好者，你知道吗，沙贾汗的父亲阿克巴国王在旅行的时候曾经带着2000只鸟儿。

根据穆斯林圣经古兰经中的描述，人们建造花园是为了创造一个看起来像天堂的地方：这里有许多的树木、花儿、植物和鸟儿。

泰姬的陵墓位于建筑的正中。以它为中心，建筑中所有的东西都是由内向外对称布置的，除了沙贾汗的墓，那是他死后放在泰姬墓旁边的（如果你问我的意见，我觉得相当破坏整体效果）。

印度著名的诗人和哲学家泰戈尔这样描写泰姬陵："永恒面颊上的一滴眼泪"。

泰姬陵那富有光泽的白色大理石墙上镶嵌着数不清的宝石，里三层外三层的：玉、绿松石、蓝宝石……有 28 种不同的种类，用 1000 头大象组成的队伍从整个亚洲运到这儿来。

一条巨龙

长城

长城几乎穿越了半个中国，蜿蜒在山上，穿过草原，越过沙漠，一直不断延伸，总共有21000多公里。

艾西有一次告诉我，她从报纸上看到，从太空中可以看到中国的长城！我不知道这是不是真的，但这说明了这个建筑有多么巨大。当我靠近长城的时候，我得承认我尽了最大的努力飞得很高，就是为了能从头到尾看看它全部的样子，结果飞得我头昏眼花也没能做到。事实上，根本不可能看到它的全貌。

其实，长城是由许许多多不同的墙连在一起的，这些墙建造在2000多年中不同的时间里，风格各不相同，材料也各不相同，目的也各不相同，简直没一点相同的！有些地方根本就没连起来！但这些不同的部分却都在讲述着同一个故事，就是关于人类（特别奇怪的动物）对于自己所拥有的东西的一种占有的理想。

长城最早的部分建造于公元前700年左右，是当地的土地所有者建造起的一道屏障，来防止隔壁的邻居侵入他们的领地。我的天呀！那时候，长城很简单，就是把木板插在地上。然后，公元前200

年左右，中国第一个皇帝征服了所有这些地主，命令把他们各自建造的城墙连在一起，变成一道墙，标志着他建立的新王国。这个新的城墙长长地穿过了中国，每一部分都是当地的建造者建的，用着附近可以用的材料：山上的用石头，平地上的用压成块的土砖。

一直到很有实力的明朝，长城才开始形成了今天我们看到的样子。

那时，城墙就是用砖还有糯米和石灰做成的胶水（也就是砂浆）砌筑的了。我打赌工人们肯定都饿不着！城垛和烽火台是保卫国家用的，但也限制着人民的通行，要是没有向沿途的官员交税，就不能随便出入。我的天呀！

长城真是个独特的建筑，它就像是活动的巨龙！千百年来，它蜿蜒在大地上，讲述着关于人类的力量、侵略和贪婪的故事。不过，我想，要不是人类的这些特点，许多建筑还造不出来呢。

小灰盒子

光的教堂

墙那么厚，那么坚固，当你走进去的时候，好像所有的声音都听不见了。

墙上的十字架是整个空间里唯一的宗教象征。自然光透过它照进教堂。

老实说，参观这个日本小教堂我不是特别激动。我一般喜欢宏大的充满戏剧化的建筑，它们那巨大的形象和美丽的装饰让我发抖。我听说，这个小教堂就像一个平淡的灰色混凝土块，坐落在一个普通的社区的普通的房子中间。一切都那么普通，不仔细找简直就看不见它。

今天早上，当我在茨城的郊区转悠，寻找这小东西的时候，我承认我有点抱怨，好在我非常明智，没有放弃。最后我终于发现了它，向着它灰色的平屋顶飞下去。哎呀，真是太远了，太不好找了。不幸的是，我的降落可太不优雅了，我没想到它的表面那么光滑，我滑了一跤。这个混凝土怎么不像一般

的混凝土那么粗糙呢。其实靠近了看，我发现它非常有光泽，特别漂亮，是柔和的半透明的灰色，让我想起艾西翅膀上那柔软的羽毛。很显然，这种非常特别的细致的混凝土是建筑师安藤忠雄和他的专家团队精心制造出来的。把混凝土搅拌在一起之后，他们按照通常的程序把流动的混凝土倒进叫作"模

参观者从一个有角度的入口进入教堂。

子"的木头框架里。当混凝土慢慢变硬，就把框架小心地取走。这些木头并没有扔掉，它们被重新利用，做成了简单的长椅，让来教堂祈祷的人们当作座位。

我悄悄从有一个角度的入口进到教堂里面，感觉像是进入了另一个世界。太安静了！我再也听不见头顶上轰鸣的飞机声，也听不见街道上奔腾的汽车声。突然间，只有我和我所在的空间。在这个空间里，我只感觉到两个东西：黑暗和光。黑暗在朴实的灰色混凝土墙和简单的木头长椅中围绕着我。而光！光！它刺穿黑暗，远处的墙上有一个明亮极了的十字形切口，早晨的阳光透过它射进来，金色的放射光芒充满了平淡的小教堂。

绝对令人激动的效果！

我觉得，这座教堂根本就不无聊也不普通，它太令人激动，太不同凡响了。它可能很简洁，用一种朴实的、便宜的、谦虚的材料建造，但是这却更表现出另一个重要的材料是多么地辉煌，那就是万能的、永久的光。

饥饿的鸟嘴

悉尼歌剧院

每个人都知道悉尼歌剧院吧；它可是世界上最著名的建筑之一，只要提到澳大利亚的电视节目，它就会出现。如果你以前没见过它，那你真该多看点儿电视。但我迫不及待想用自己的眼睛看到它了。我在一段漫长的飞越太平洋的旅行之后到达了悉尼，当我靠近海港时，看到了歌剧院那令人印象深刻的形象，就像巨大的白色浪尖从水中高耸出来，又像被海水冲来的巨大贝壳，或者像扬起风帆的巨船。它们让我想起了小鸟那饥饿的嘴巴，张开着想要吃东西，不过，可能只有鸽子会这么想吧。

虽然我已经很累了，但还是忍不住低低地从它那闪着光的屋顶平滑的曲线上掠过。靠近了你会发现屋顶上覆盖着像盔甲一样的乳白色的瓦片，在阳光下闪闪发亮。这次我可不想在上面滑倒，所以我飞到前院落下来。我周围所有的人都很开心：有滑直排轮的，有聊天的，有吃冰淇凌的，还有坐在通往下面街道的台阶上发呆的。不一会儿，有个导游开始讲解了，我悄悄凑过去偷听了一下。

歌剧院建在一个平台上，也形成了一个可爱的大公共空间，任何人都可以使用，鸽子也可以！

她说悉尼歌剧院是由丹麦建筑师约翰·伍重设计的，是一个艺术中心，不仅可以上演歌剧，还有芭蕾舞、戏剧和音乐会。它里面有餐厅、咖啡厅、酒吧和商店。咕咕！我看找个房间住在这儿就不用走了！

不幸的是，不是所有的歌剧院都能按设计师的

想法完成，你看高迪那个圣家族教堂吧（第14~17页）。约翰·伍重也是个喜欢边设计边修改的建筑师。歌剧院还在建造当中，他就跟悉尼市政府有了不同意见。伍重觉得政府什么都想省钱，破坏了他的设计，最后他很沮丧，就退出了建筑项目，再也没回来。没有了他，歌剧院还是在1973年建成了，

没有完全采用他喜欢的方法。真可惜，不过也只能这样了，接受现实吧。但这改变不了他设计了一座真正了不起的建筑珍品的事实。

大鸟

巴西利亚

为了能按时建成这座城市，建造工作日以继夜地进行，连续进行了四年，一共雇佣了60000名建筑工人。

和威尼斯（见18、19页）一样，巴西利亚（如果你想听起来比较地道，要这样发音：Brazi-y-a）是鸽子必须参观的一座城市，虽然你发现这两个城市截然不同。

巴西利亚是南美洲国家巴西的首都。巴西原来的首都是里约热内卢，位于巴西的东海岸，由于人们认为这么大的一个国家，首都应该位于国家的中心，所以决定建立一座新首都来取代旧首都。

从此，精心的规划开始了，巴西利亚的每一个元素都被考虑到了。与大多数产生并发展了几百年的城市不同，巴西利亚只有你们祖父那么大年纪；它在1956年到1960年的四年间建成！著名建筑师奥斯卡·尼迈耶被委派负责设计这座城市中所有的公共建筑。这是多么大的挑战啊！

来到这儿的几天之前，我就发现从天上找到路非常容易。尽管很多步行的游客抱怨，这座城市看起来哪儿都一样，很容易迷路。实际上，也许这座城市的布局从俯瞰的角度是最好的。主要的政府建

筑布置在大鸟的"头部"或者飞机的"驾驶舱"位置,其他各种建筑成组地布置在别的地方;有一个旅馆区、一个银行区,等等。人们的居住区经过了仔细的规划,奢华的住宅和平价的住宅混合在一起,还有各种类型的学校、商店以及像花园这样的开放空间。

巴西利亚是建筑师的梦想;能把对建筑的想法一下子运用到整个城市当中,是这个领域中以前从未尝试过的事情。尽管几个世纪以来每个规划者经常试图整治随着时间以随机的方式生长起来的杂乱无章的城市中心。对建筑爱好者来说,这里是一个伟大的地方,充满了令人激动的建筑,探索着新的、不寻常的结构和形式。翻到下一页去体验一下吧。

我最爱的塔楼

正在靠近的敌人。人类一直知道这个道理……所以人们建造高楼让自己感到安全和牢固；还建造了城堡、堡垒和灯塔。再加上能看到很美的景色，这就是高的意义。

关于塔楼只有一个小问题：怎么爬到顶上去。这对鸽子来说很简单，对你们这些小朋友来说就不那么容易了。我去替你们感觉一下高楼吧，真的，光是看着这些扭来扭去的楼梯就让人气喘吁吁了。几百年来，由于建筑技术和材料方面的新发现，塔楼不断创造新的高度，这就意味着更多的……呼哧……呼哧……楼梯。

我是一个塔楼超级粉丝：关于塔楼我能说出什么呢……嗯……它们很高！这就是它们的意义。可问题是，为什么？为什么高比低好？为什么不贴着地面建造一个几里长的建筑？好，小朋友们，你们问对鸽子了。我来给你们准确地解释一下，高高在上是一种什么状态和特性。越高，似乎就越有权力。如果你很高，你也可以看得更远，并且能发现远处

上海世界金融中心
中国，492 米

埃菲尔铁塔
法国，324 米

阿格巴塔
西班牙，144 米

电视塔
德国，368 米

HSB 旋转中心
瑞典，190 米

大本钟
英国，98 米

国家石油公司双塔
马来西亚，452 米

后来，19 世纪末的大发展不仅意味着塔楼可以建造得比以前更高，而且，感谢上帝！同时也解决了楼梯的问题。有一种叫作钢的超强材料生产技术提高，产量增大，价格降低。这种材料既结实又轻便，可以用来制作真正的巨塔的骨架，还有了结实的钢索，可以将电梯拉到塔楼的顶端。再见了，楼梯。

这些技术出现得正是时候，因为这时出现了必须建造高楼的另一个原因：空间，或者更确切地说，空间的缺乏。这个时代，越来越多的人居住在城市，人太多了，以至于根本没有空间了。在城市中心，没有地方再来建新的建筑，但是往上建造总是有空间的。所以，20 世纪出现了比以前更多更引人注目的塔楼，里面容纳了所有功能，从住宅到办公，再到游泳池、直升机坪、高尔夫球场、健身房、舞厅、医院和旋转餐厅！21 世纪出现了更惊人的塔楼，有扭转的，有逐渐变细的，哦，我在旅行中就看到一些很有特色的！你们瞧这些漂亮的家伙……

帝国大厦
美国，381 米

泛美金字塔
美国，260 米

莫斯科国立大学
莫斯科，240 米

哈利法塔
迪拜，828 米

西格拉姆大厦
纽约，美国

这座摩天楼建于 1958 年，由著名建筑师密斯·凡德罗设计。他认为建筑的骨架应该与外表相呼应，不要其他装饰，会让建筑看起来更美。所以在这座建筑中，我们能在建筑表面看到它的梁——支撑整个建筑耸立起来的钢骨架当中比较小的一部分，在用作窗户的大玻璃板"表皮"之间也能看到钢梁。

中国中央电视台（CCTV）
总部，北京，中国

对我来说，这是世界上最不同凡响的建筑之一。这座高楼完成于 2008 年，设计成了一个巨大的，而且非常不寻常的——环形！为了让这个环形的高楼可以实现，它的钢骨架布置成了钻石般的网状，根据需要承担的重量而有着不同的尺寸。由于大楼建造在有可能地震的地区，这种骨架即使地面发生晃动，大楼也不会倒。很奇怪的是，因为它有趣的形状，这座建筑被当地人叫作"大裤衩"！

比萨斜塔
意大利

这座圆柱形的钟塔在设计的时候是意大利最高的建筑，1173 年开始建造。在建造的第一阶段，底部的三层突然倾斜陷落在地基里，因为基础不够强，支撑不住塔的重量了！最后，虽然钟塔从来就没有直起来，还是在 1360 年完成了。

西格拉姆大厦
美国，157 米

比萨斜塔
意大利，54 米

伦敦桥大厦

伦敦，英国

　　这座建筑在2012年完成时，是欧洲最高的塔楼。这座钢框架、玻璃板的摩天楼包括办公室、一个宾馆、豪华住宅、商店、餐馆和一个休闲健身中心。设计师是伦佐·皮亚诺，他将这座大楼描述为就像一个万花筒，一面伦敦的镜子，它那金字塔的形状是对城市中许多教堂尖顶的一种现代的呼应。

伦敦桥大厦
英国，308米

CCTV总部
中国，234米

流水别墅
——我们鸽子也是这么叫它的！

我在匹兹堡待了好几天，会了会老朋友，好好休息了一下，从巴西长途飞行而来，实在是累极了。但是今天，我要飞两个小时的路程到熊跑溪去，那儿有流水别墅，周围还有壮丽的森林，我对这次旅程充满了期待。飞在天上，我发现秋天来到了。虽然艳阳高照，空气中却有了清冷的味道，树叶都变成了美丽的橘红色和大红色。根据我所听说的，我一定会十分喜爱这座建筑，我爱大自然，我也爱建筑。建筑师赖特几乎在他所有的建筑中，都喜欢把大自然和建筑结合起来：探索人和自然的关系，将室内和室外空间结合起来。我的第一个想法是他结合得可真好，我找了半天才找到流水别墅。

让赖特设计这个假日别墅的家庭明白了他的想法之后大吃一惊。他们本来期望的是一个可以看到美丽瀑布的房子，但赖特把房子变成了瀑布的一部分，阳台就伸在瀑布上面，就像伸了一条石头腿一样。我站到阳台上，脚下是瀑布的巨响，我都可以感觉到它的轰鸣声顺着我的爪子传了上来！

从起居室出来的楼梯直接通向下面的溪流。

　　我能走到的地方，房子和瀑布都混合在了一起。房子里每个地方都能听到流水的声音。瀑布的一块岩石壁突出来伸到了主要的起居室里，瀑布的水真的顺着一个通道流进来，又顺着一个水渠流出去了！

　　没有翅膀的参观者需要穿过溪上的一座小桥才能到达前门。在那儿有一个足浴盆，充满了来自溪流的水，用来清洗人们泥泞的靴子。我在里面喝了个饱，又洗了个澡，感觉精神抖擞，然后我飞回城市，吃饭的时候想起了流水别墅。它真是个奇妙的地方，这么独特，这么令人激动。但是有一件事我不太喜欢——整个房子用的都是直线，这可是一种大自然

里几乎看不到的东西。要是想让建筑真正跟环境融合，赖特难道不应该把流水别墅做得更像岩石那样曲折嶙峋的吗？但是那样它是不是就没这么有个性了？我真是不明白了……

整个房子的里里外外都是赖特设计的，包括家具，这样就确保了每个部分都完美地结合在一起。

包裹着起居室里的大壁炉的是和地面上一样的石板，但没有打蜡，就像从水里升出来石头变干了。

城堡之王
克莱斯勒大厦

大厦用了大量的不锈钢来做装饰。它本身就是生产汽车的公司。汽车的表皮就是这样的，它就像一头怪兽，可能是模仿克莱斯勒摩托车头盔上那个吉祥物吧。有点像展翅高飞的鹰，还闪闪发光。

纽约又有一座大楼要盖了，布比克莱斯勒大厦高了。它要了个花招立刻又变成了最高。一个尖塔悄悄地在大厦内部组装，整个尖塔在一个半小时之内加到了大厦的顶上。

大厦顶端那一层一层的皇冠是装饰艺术风格的一个完美典范，整个大厦也是这个风格的，在当时是极为时髦的。

落脚在这个凶神恶煞的老鹰怪的头上，我太得意了。

纽约啊纽约……每次飞过这个奇妙的城市，我都为这儿川流不息的生活而兴奋得浑身发抖。下面的街道上，人们一个紧跟着一个，摩肩接踵，这儿的建筑也和人一样，不停地有新的建筑挤到老的建筑里，都争着那高的位置，就像人群中争得一席之地一样。

有一次，一只小鸟告诉我，纽约是20世纪生长最快的城市之一。每个人都在到处忙忙碌碌，去争取属于自己的东西，这热火朝天的工业发展让一些人变得非常富有，也产生了世界上最大、最壮观、最有竞争力的建筑。

我飞进了大厦，威廉·克莱斯勒是克莱斯勒公司的老板，他的公司专门给那些大肚子的人制造开得特别快的汽车。1928年，他想在纽约正中心建造一座大楼，当作公司的总部，来展示他的财富、权力和高级的品位，也算是送给城市的一个礼物。他请了建筑师威廉·范·阿伦来设计一座最壮观、最引人注目、最有意义（只对他来说吧）、最高的大厦——不仅在纽约在全美国……（他内心深处欢喜的声音在说）在全世界都是。

克莱斯勒大厦的建造运用了最先进的建筑技术和知识，它有钢的骨架和砖的外皮。建成的时候，人们认为它就是纽约的城中之城。它里面有餐厅、商店、一个美丽的客厅、健身房，甚至还有一个医院！在大厦的顶上，有一个私人的"彩云俱乐部"，是一个休息处和观景区。

大厦的装饰风格在最开始的时候招致了一些批评。有的人觉得它装饰得太过分，有点炫耀招摇的意思。还有人担心这么时髦的样子很快就会过时的。但是它没有过时，克莱斯勒大厦经受住了时间的考验，成为纽约天际线中很受大家喜欢的一部分，成为这个地方的标志，也是整个城市的纪念碑。

这座大厦的建造速度是创纪录的快。一个星期就可以盖四层。

银色曲线

迪士尼音乐厅

建筑的外皮主要是用钛板做成的，钛是一种银色的金属，弯曲的表面向四面八方反射着光线。

这座建筑刚建成的时候，金属板反射的太阳直接照到了附近的人家里，还晃着过路司机的眼睛。后来在这些讨厌的金属板上喷了砂，让它们别反射得那么厉害，才把这个问题给解决了。

我知道我知道，一说到迪士尼的名字，你就马上想到了五光十色的动画片，但是这座建筑可跟电视没有一点关系，它是一个音乐厅，是洛杉矶爱乐乐团的所在地。

高高地飞过好莱坞那著名的大标志，穿过洛杉矶午后阳光的迷雾，我来到了这座音乐厅，它就在我下面闪闪发光，像个大宝石。抖抖我的羽毛！它看上去轻盈而优雅，就像是谁轻轻松松一笔画出来的，就那么随手一画，纯粹为了好玩似的。你永远也猜不到建造它的材料有多么重，它的设计和施工又是花了多少心思，它可是好不容易才建出来的。告诉你吧，要是没有计算机的帮助，那些看上去随意的曲线和转折根本就设计不出来。我从建筑明亮的金属曲线上飞过去，我可从来没有停在上面过，那上面一段直的墙壁和窗台都看不见。我落在了音乐厅那迷人的花园里，挺胸抬头地散着步。有人留了一本宣传册在旁边的桌子上，我赶紧跳上去看了看。

　我知道对于音乐厅来说，最重要的就是声音：音乐要从舞台上的每个演唱者和每个乐器同时到达每个听众的耳朵里，要听上去尽可能地美妙。声音传播得很慢，我想你们都见过在远处放烟火吧，得一两秒钟之后才能听到爆炸的声音。所以，声音效果对于任何一个建筑师来说，都是一个挑战。但弗兰克·盖里把这个问题给解决了。小册子里介绍了他是怎么解决的，在这座建筑里，主观众厅正好位于建筑的中心，外面的噪声一点都传不进来，盖里设计得实在太完美了，音响效果太清楚了，结果在第一次表演的时候，人们发现管弦乐队里使用了好几年的一些乐谱都印错了，以前都没人听得出来！

　这个城市里充满了直线的网格和低矮的建筑，能发现这么一座明亮的、曲线歪歪扭扭的音乐厅，我实在是太高兴了。我喜欢一个这么严肃的建筑能看起来像疯了一样，它真像是从卡通片里出来的一个东西！可能盖里终究还是发扬了老瓦尔特·迪士尼的一点精神……

什么？已经结束了？

　　是的。看起来我们的旅程要结束了。我要离开你们，回到我亲爱的艾西的怀抱里去了。

　　我真希望你们喜欢我们在一起的时光，我当然很喜欢。我们参观了世界上一些最令人激动的、最壮观的建筑，你们和我一起完成了这个旅程，但是，还有更多的建筑需要你们去发现和探索。

　　如果你们只能从这本书中学到一点，那么我希望是：建筑是关于人的知识；建筑是为了人的使用和欣赏，你们对建筑的看法是非常重要的。

　　当然，你们对鸽子的看法也很重要。我非常希望我们不再是陌生人。下次如果你看到一只鸽子，你很可能看到它像看老朋友一样地看着你，你要对它点点头哦，那可能就是我，你知道吗，别摘了帽子你就不认识我了……

坎特伯雷大教堂

坎特伯雷，肯特郡，英国，6~7 页

这座教堂最初由圣奥古斯丁于 597 年建立。1067 年毁于大火，大约 1070 年，征服英格兰的威廉国王下令建造了新的教堂，他从 1066 年在位直到 1087 年去世，是唯一不会讲英语的英国国王。

黄金宫

威尼斯，意大利，18 页

黄金宫是 1430 年为富有的康达利尼家族所建，现在是一座艺术博物馆。这座建筑由父子二人建造：乔瓦尼·邦（1355~1443）和巴特鲁姆·邦（他的工作从 1421 年到 1464 年），他们都是建筑师兼雕塑家。

埃菲尔铁塔

巴黎，法国，8~9 页

古斯塔夫·埃菲尔 1832 年生于法国第戎（这里也是芥末的产地）。他在全世界建造了数百座钢铁的结构物，包括纽约图书馆雕像的骨架，还特别喜欢建造铁路桥。他 1923 年在巴黎去世。

圣马可教堂

威尼斯，意大利，18 页

830 年在那儿就曾经有一座教堂用来存放圣马可的遗骨。现在的教堂是 1050 年由多米尼哥·康达利尼 1043~1071 年统治威尼斯时下令建造的。它原是一座私人教堂，直到 1807 年才成为威尼斯罗马天主教教堂。

乔治·蓬皮杜中心

巴黎，法国，10~11 页

蓬皮杜中心的两位设计师都出生于意大利。伦佐·皮亚诺生于 1937 年，理查德·罗杰斯生于 1933 年。皮亚诺现居意大利，热爱航海，18 岁时就制造了自己的小船。罗杰斯的头衔是"河畔的罗杰斯男爵"，生活、工作在伦敦。

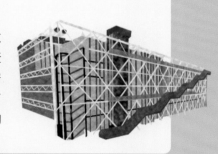

里阿尔托桥

威尼斯，意大利，18 页

里阿尔托桥跨越大运河。由安东尼·庞特设计，建成于 1592 年。庞特生于瑞士，有趣的是他的姓在意大利语中正是桥的意思！现存的桥已经是第六次修建的，这其实是第一次采用石头和大理石来修筑它，以前对它的修建都是采用木头。

朗香教堂

米卢斯附近，法国，12~13 页

勒·柯布西耶真名叫夏尔·爱德华·让纳雷，1887 年生于瑞士拉绍德封。1920 年，他开始称自己勒·柯布西耶，因为他想要有一个能被人们记住的名字。他 1965 年在法国南部的海中游泳时溺水身亡。

总督府

威尼斯，意大利，18 页

总督府最初建于 12 世纪，1577 年毁于火灾，后来又重建起来。它是总督（威尼斯共和国的领袖）的府邸，也是政府、法庭和监狱的所在地。由安东尼·庞特重建，他也是里阿尔托桥的建造者。

圣家族大教堂

巴塞罗那，西班牙，14~17 页

安东尼·高迪 1852 年生于西班牙的加泰罗尼亚地区。他第一个项目是为巴塞罗那的一个广场设计灯柱。然后他继续为这座城市设计了许多不同寻常的建筑，还有奇怪又奇妙的奎尔公园。他于 1926 年去世。

叹息桥

威尼斯，意大利，18 页

叹息桥是一座连接起总督府和监狱的运河桥，建成于 1600 年。设计师安东尼·康第诺是安东尼·庞特（里阿尔托桥的建造者）的侄子，他的生卒年月不详。

圣乔治马乔雷教堂

威尼斯，意大利，20~21 页

安德烈亚·帕拉第奥 1508 年生于帕多瓦，1580 年逝世于威尼斯不远的地方。他被认为是现代建筑之父。帕拉第奥的建筑灵感来自于他对古希腊和古罗马建筑的研究。他最著名的设计是威尼斯附近的许多别墅。

布鲁克林大桥

纽约，美国，29 页

大桥最初的设计者约翰·罗布林（1806~1869）在建造开始之前就去世了。他的儿子华盛顿·罗布林（1837~1926）接替了他的工作，他后来由于吸入了大桥水下基础沉箱中的压缩空气而导致了半身麻痹。后来由他的妻子艾米莉·罗布林（1843~1903）负责指挥完成了建造。

罗马斗兽场

罗马，意大利，22~25 页

罗马斗兽场由维斯帕西安国王下令建造，他生于公元 9 年，去世于 79 年。在他成为国王之前，曾掌管四大军团之一（大约 5000 人的军队）于 43 年入侵不列颠。

吉萨大金字塔

开罗附近，埃及，30~31 页

法老胡夫是第一个在吉萨建造金字塔的法老。关于他的信息很少，只知道他大约在位 30 年，有大约 14 个孩子。从协调金字塔的建造来看，他一定是个很好的组织者。

金门大桥

旧金山，美国，28 页

有三个人对于建造金门大桥来说至关重要：工程师约瑟夫·斯特拉斯（1870~1938）、建筑师艾尔文·莫罗（1884~1952）和查尔斯·埃里斯（1876~1949），他为大桥的结构做了数学推算。

泰姬陵

阿格拉，印度，32~35 页

沙贾汗（1592~1666）是印度莫卧儿王朝的一位国王，在他的命令下建造了泰姬陵。沙贾汗热爱艺术，赋予了建筑纪念碑式的美丽；他还是一位伟大的军队领袖。泰姬陵由乌斯泰德·阿哈默德·拉哈里率领的建筑师团队设计。

米洛高架桥

米洛附近，法国，28 页

诺曼·福斯特生于 1936 年，头衔是"泰晤士河畔的福斯特男爵"，是高架桥的设计师。米歇尔·威罗，生于 1946 年，是高架桥的结构工程师。福斯特设计的其他项目包括香港国际机场、伦敦温布利球场和柏林国会大厦的改造。

长城

中国，36~37 页

中国的长城是由许多位建筑师在两千年的时间里建造的，最初由很多不同的墙组成，这一系列的墙直到秦始皇（公元前 259~201 年）统一中国才连成一道长城。秦始皇的陵墓也非常著名，由兵马俑（或者陶俑）守卫。

塔桥

伦敦，英国，29 页

塔桥由城市建筑师琼斯爵士（1819~1887）与工程师约翰·巴里（1836~1918）合作设计，巴里是大本钟的设计师查尔斯·巴里爵士的儿子。

光的教堂

茨城，大阪附近，日本，38~39 页

安藤忠雄 1941 年生于大阪，他没有上过大学，曾是一名职业拳击手，但是他在做木匠工作和参观建筑时自学成才。他设计的建筑大多位于日本，主要用混凝土和玻璃建造。

悉尼歌剧院

悉尼，澳大利亚，40~41 页

约翰·伍重 1918 年生于丹麦哥本哈根。他曾经是一名出色的水手，正是他对于船舶的知识给了他设计悉尼歌剧院的灵感，它看起来就像风帆。伍重 2008 年逝世于哥本哈根，享年 90 岁，终其一生都没有参观过建成后的悉尼歌剧院。

联邦最高法院、国家议会大楼、总统府、大教堂、司法宫和国家剧院

巴西利亚，巴西，44~45 页

奥斯卡·尼迈耶生于 1907 年，是一名共产党员。1964 年，军人政权掌管国家时，他离开了巴西 20 年的时间。尼迈耶于 2012 年去世。

阿格巴塔

巴塞罗那，西班牙，46 页

这座塔楼是巴塞罗那当地的供水公司阿格巴公司的总部。其灵感来自于安东尼·高迪的建筑和附近的蒙特塞拉特山。塔楼由生于 1945 年的让·努韦尔和成立于 2005 年的巴塞罗那建筑师团队 b720 公司共同设计。

上海国际金融中心

上海，中国，46 页

这座摩天楼由成立于 1976 年的 KPF 建筑师事务所设计，2008 年建成，包括办公室、宾馆、商场和三个观景台。由于它的形状，这座建筑在当地被称为"开瓶器"。

电视塔

柏林，德国，46 页

柏林电视塔的建造是用来发送德国电视和广播的信号，如今它仍在转播着 50 多个节目。赫尔曼·亨瑟尔曼的设计灵感来自于前苏联卫星斯普尼克号。弗里兹·迪亚特和冈瑟·兰克负责建造工作，建成于 1969 年。圆球的中央是一个旋转餐厅，能看到 360 度的柏林全景。

HSB 旋转中心

马尔默，瑞典，46 页

HSB 旋转中心是斯堪的那维亚半岛最高的建筑，是一座公寓和办公楼，建成于 2005 年，由西班牙建筑师圣地亚哥·卡拉特拉瓦设计，他于 1951 年生于西班牙巴伦西亚。建筑的设计灵感来自于他自己设计的一座扭转的人体雕塑。

大本钟

伦敦，英国，46 页

大本钟是英国国会钟楼里最大的钟的名字，后来成了塔楼的昵称，尽管这座塔在 2012 年为了庆祝女王伊丽莎白二世在位 60 年而正式命名为伊丽莎白塔。大本钟建成于 1859 年，建筑师是查尔斯·巴里，1795 年生于伦敦的大桥街，就在大本钟的位置对面。他 1860 年逝世于伦敦。

国家石油公司双塔

吉隆坡，马来西亚，46 页

双子塔建于 1996 年，是马来西亚国家石油公司的总部，也有其他公司在其中办公。双子塔的设计师西萨·佩里 1926 年生于北阿根廷的图库曼，现居住并工作在美国。

帝国大厦

纽约，美国，47 页

帝国大厦建成于 1931 年，由威廉·兰姆（1883~1952）设计，是一座办公楼。它不仅在纽约，甚至在全世界都是一座著名的地标性建筑。

泛美金字塔

旧金山，美国，47 页

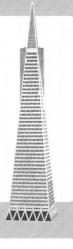

泛美金字塔是作为泛美保险公司的总部而建造，现在其中容纳了大约 50 个不同公司的办公室。建筑由威廉·佩雷拉（1909~1985）设计，建成于 1972 年。建筑的形状使尽可能多的自然光线可以照到下面的街道，于是建筑的基地上种植了一片巨型红杉林。

CCTV 总部

北京，中国，48~49 页

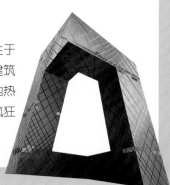

这座塔楼由荷兰建筑师雷姆·库哈斯（生于 1944 年）及其建筑公司 OMA（大都会建筑事务所）中其他的建筑师设计。库哈斯也热衷于写关于建筑的书，最著名的叫作《疯狂的纽约》。

莫斯科国立大学

莫斯科，俄罗斯，47 页

这座大学是俄罗斯最大最早的大学，于 1775 年成立于莫斯科，新的校园建成于 1953 年，由列夫·拉德内夫（1885~1956）设计，是当时著名的七姐妹建筑之一，莫斯科在 1947 年 ~1953 年建造了一组形象很相似的摩天楼。

伦敦桥大厦

伦敦，英国，49 页

伦敦桥大厦由意大利建筑师伦佐·皮亚诺及其建筑公司建造完成。他还设计了乔治·蓬皮杜中心（10~11 页）和日本关西国际机场。

哈利法塔

迪拜，阿联酋，47 页

哈利法塔是世界上最高的建筑（迄今为止！），建成于 2010 年，包括办公、公寓和一个宾馆。由 SOM 公司负责建造：特别是该项目的主设计师阿德里安·史密斯（生于 1944 年），以及结构和土木工程师威廉·贝克（生于 1953 年）。

流水别墅

宾夕法尼亚，美国，50~53 页

弗兰克·劳埃德·赖特 1867 年生于美国威斯康星州，1959 年逝世于美国亚利桑那州。他是一位建筑师、室内设计师和作家，人们认为他的设计与周围的环境融合得非常好。他设计了许多建筑和结构，包括美国纽约的古根海姆博物馆。

比萨斜塔

比萨，意大利，48 页

这座塔的建造始于 1173 年，完成于 1360 年。有多位建筑师参与了塔的工作，包括布亚诺·比萨诺，开始建造时由他负责；还有乔瓦尼·迪·西蒙尼。

克莱斯勒大厦

纽约，美国，54~55 页

克莱斯勒大厦由威廉·凡·阿伦建造，他 1883 年生于美国纽约，1954 年也逝世于纽约。在他还是学生的时候，他赢得了建筑大奖，获得了去巴黎美术学院深造的机会。在他去世之后，以他的名义设立了基金，至今仍在提供建筑奖学金。

西格拉姆大厦

纽约，美国，48 页

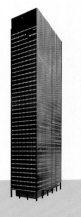

路德维希·密斯·凡·德·罗，即著名的密斯，1886 年生于德国亚琛。他曾是两个重要艺术设计学院的领头人，一个是德国的包豪斯，另一个在美国芝加哥，现在叫作伊利诺伊理工大学。密斯 1969 年在芝加哥逝世。他与菲利普·约翰逊（1906~2005）合作设计了西格拉姆大厦。

迪士尼音乐厅

洛杉矶，加利福尼亚，美国，56~57 页

弗兰克·盖里 1929 年生于加拿大多伦多。他最新的建筑，比如西班牙毕尔巴鄂的古根海姆博物馆，都以复杂而扭曲的外表而著名。盖里还是一个冰球的超级粉丝。

献给我的两个小伙伴，
杰克和山姆。

我要感谢几个非常亲爱的朋友，没有他们，就不会有
这本不同寻常的书。他们是：

斯特拉·格尼，鸽语者，一位鸽子最喜欢的人类朋友，
复杂的鸽子语的大使和译者；

关奈津子，她将我喜爱的建筑画成绝妙的插图，并不
只是迎合你们的喜好；

伊莲娜·加卢瓦·蒙特布兰——友好的、乐于助人的、
思路开放的编辑，几个月前她在办公室跟我进行了一
场对话，从此开始了不知疲倦的工作；

雷切尔·威廉姆斯，我和艾西的亲爱的人类朋友，是
他第一个产生了用一本书的方式向人类介绍我们自
己的想法。

最后，感谢阿曼达·雷萧促成了这本书的出现。茱莉
亚·黑斯廷、桑德拉·泽尔默和丽贝卡·普莱斯为本
书做了设计。

著作权合同登记图字：01-2013-9223 号

图书在版编目（CIP）数据

鸽子带你游建筑／（英）斑尾鸽斯佩克著；梁蕾译．—北京：中国建筑工业
出版社，2014.5
ISBN 978-7-112-16254-3

I. ①鸽⋯ II. ①斑⋯ ②梁⋯ III. ①建筑—青年读物 ②建筑—少年读
物 IV. ① TU-49

中国版本图书馆 CIP 数据核字（2014）第 000710 号

Original title: Architecture According to Pigeons © 2013 Phaidon Press
Limited

Translation Copyright © 2014 China Architecture & Building Press

This Edition published by China Architecture and Building Press under
licence from Phaidon Press Limited, Regent's Wharf, All Saints Street,
London, N19PA, UK, © 2013 Phaidon Press Limited.

All rights reserved. No part of this publication may be reproduced, stored in
a retrieval system or transmitted, in any form or by any means, electronic,
mechanical, photocopying, recording or otherwise, without the prior
permission of Phaidon Press.

本书由英国 Phaidon 出版社授权翻译出版

图书策划：沈元勤　张惠珍
印制总监：赵子宽
责任编辑：姚丹宁（ydn@cabp.com.cn）
插图作者：关奈津子（Natsko Seki）
责任校对：姜小莲　陈晶晶

鸽子带你游建筑

[英] 斑尾鸽斯佩克　著
梁蕾　译

*
中国建筑工业出版社出版、发行（北京西郊百万庄）
各地新华书店、建筑书店经销
北京京点图文设计有限公司制版
中华商务联合印刷（广东）有限公司
*
开本：787×1092 毫米　1/8　印张：9　字数：190 千字
2014 年 5 月第一版　2014 年 5 月第一次印刷
定价：68.00 元
ISBN 978-7-112-16254-3
（25015）

版权所有　翻印必究
如有印装质量问题，可寄本社退换
（邮政编码　100037）